动物圈里的奇妙事儿

走进丛林

茶　茶　编著
黑　羊　绘

辽宁科学技术出版社
·沈阳·

睡眠之王——睡鼠

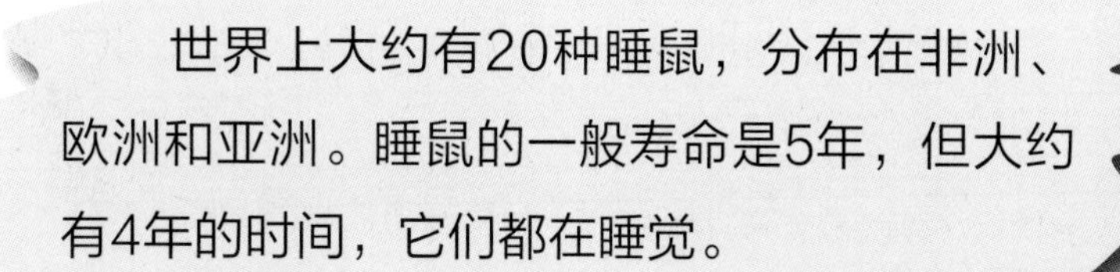

世界上大约有20种睡鼠，分布在非洲、欧洲和亚洲。睡鼠的一般寿命是5年，但大约有4年的时间，它们都在睡觉。

睡鼠的睡眠质量特别好！随时随地都能睡着。

我还活着呢！

睡鼠冬眠的时候，呼吸几乎是停止的。

它们行动敏捷，尤其喜欢在长满刺的树枝上跳来跳去，因为在这里更容易找到它们最喜欢的浆果！

奇妙的知识又增加了

睡鼠的冬眠期长达9个月，是世界上冬眠时间最长的动物。

睡鼠的效率很高。在它们那为期很短的清醒时间里，它们除了填饱肚子，还得给自己找伴侣、建房子、生宝宝……但实际上，它们也可能吃饱了就去睡觉了，所以野生睡鼠的数量不多哦。

睡鼠遇到危险的时候会像壁虎一样舍弃尾巴逃跑。

睡鼠不太喜欢储存食物，在冬眠前会努力把自己吃胖，但它的冬眠时间太长了，所以不够胖或者没有吃饱的睡鼠，常常睡着睡着就饿死了。

澳大利亚的国宝——树袋熊

树袋熊是澳大利亚的国宝。它们长得胖胖的，毛又软又厚，鼻子又大又圆，脑袋圆滚滚的，非常可爱。

你好呀，我是澳大利亚的国宝哦。

天哪，一定是大老虎来了。
呼

树袋熊虽然身型不大，但是吼声低沉，能够传到很远的地方去。

好像还是太大了。

树袋熊从小就会爬树，它们从树上下来的时候总是倒退着下，屁股先着地，而且动作十分缓慢。

树袋熊的大脑很小，这也是它们对付能量消耗的一种进化适应，因为大脑是非常消耗能量的器官。

奇妙的知识又增加了

树袋熊非常挑食，它们一般只吃桉树叶和嫩枝。

树袋熊一般不喝水。

NO！

树袋熊都在树上坐着发呆的时候，其实是中毒了！
这个好像有毒。
没关系，消化一会儿就好了。

黑夜精灵——蝙蝠

蝙蝠分布很广，在除了南北极和某些大洋岛屿之外的所有地方都能见到它们的身影。大部分蝙蝠都是白天休息，夜间觅食。虽然蝙蝠的视力很差，但是它们的听力特别好。
他可以飞呀！
哇
蝙蝠是世界上唯一会飞的哺乳动物。
蝙蝠使用声波定位，并且每只蝙蝠都能辨别出自己发出的声波，所以即使与其他蝙蝠一起捕食，也不会被其他的声波所干扰。
大部分蝙蝠吃昆虫，也有一些蝙蝠喜欢吃果实、花蜜和花粉。

奇妙的知识又增加了

蝙蝠睡觉的时候一般是头朝下挂在树枝上或者岩石上。

妈妈，为什么我们不可以盖被子？

蝙蝠的体温变化幅度很大，超过50℃（−7.5~48.5℃）。

有些无花果只有经过果蝠或鸟类的胃消化后才能发芽。

快来吃我！

蝙蝠很少喝水，天气太热的时候它们会去寻找水源，但这个时候很容易被鳄鱼等动物捕食。

兄弟们，做好准备！

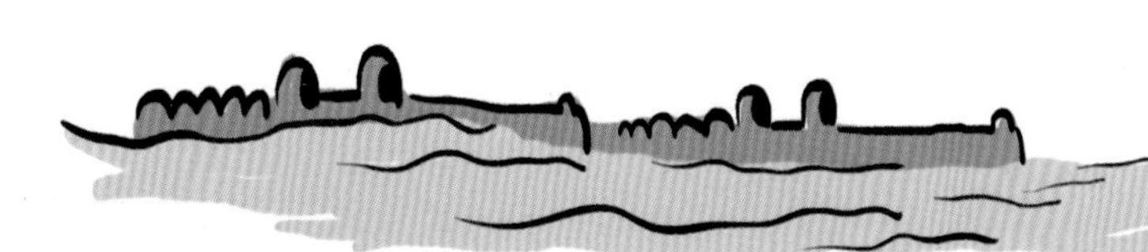

动物界的万人迷——水豚

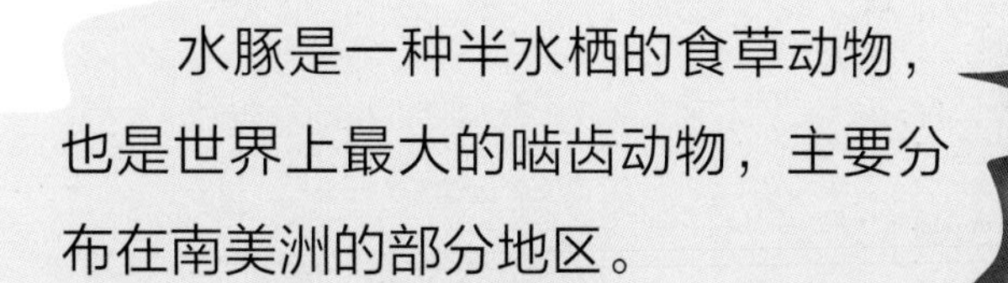

水豚是一种半水栖的食草动物，也是世界上最大的啮齿动物，主要分布在南美洲的部分地区。

因为水豚一般生活在沼泽或者水边，所以它们不会挖洞。

水豚喜欢群居，水豚爸爸和小伙伴们出去寻找食物的时候，水豚妈妈就在家里照顾宝宝。

水豚每天有一半的时间都泡在水里。它们非常怕冷，冬日里泡温泉是它们最喜欢的事之一。

奇妙的知识又增加了

水豚平时很悠闲，但遇到危险时，会以最快的速度潜入水中，还能在水中憋气，一直到天敌离开。

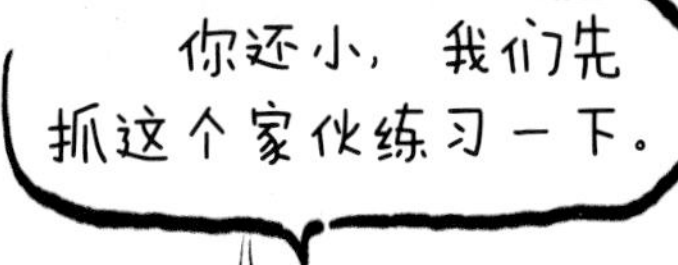

你还小，我们先抓这个家伙练习一下。

哼

水豚的粪便对其他动物来说有很高的营养价值，所以很多动物都喜欢围绕在它身边。
小卖部

小水豚不会游泳，所以过河的时候，成年的水豚会把它们驮在背上。

水豚有时会悄悄混在家畜群中偷吃牧草，或者蔬果、稻米、甘蔗等，被发现的话会被农场主人追打。

拳击猛将——袋鼠

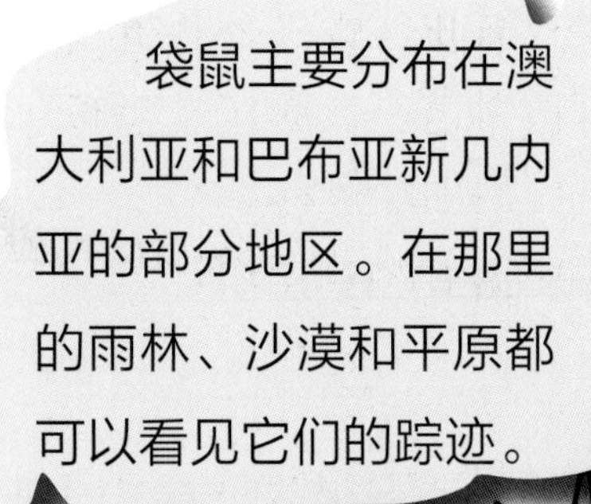

袋鼠主要分布在澳大利亚和巴布亚新几内亚的部分地区。在那里的雨林、沙漠和平原都可以看见它们的踪迹。

袋鼠是食草动物，吃许多植物，有的还吃真菌。

不可以挑食哦！

我不喜欢吃蘑菇！

袋鼠通常在夜间活动，它们在太阳下山几个小时后才出来寻食，而在太阳出来后不久就回巢。

袋鼠家族不喜欢社交，不喜欢别的袋鼠到自己家来，如果小袋鼠在外面玩得太久再回来，大家就不喜欢它了。

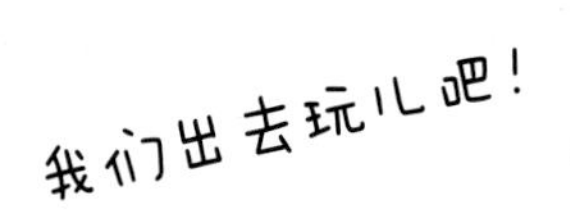

袋鼠不会走，只会跳，是跳得最高、最远的哺乳动物。袋鼠只会往前跳，不会后退，因此，它被选作澳大利亚国徽上的动物之一，人们希望像袋鼠一样有永不退缩的精神。

是这样吗?
这个折叠拐杖在排队的时候可以变成椅子，很方便。

嗨

袋鼠有一条“多功能”的尾巴，在休息时它可以支撑在地上当凳子用，跳动的时候尾巴可以保持平衡，打架的时候尾巴还能当武器。

袋鼠跳的速度非常快，可达50千米/时以上。

刚出生的袋鼠大约只有1粒花生米那么大，没有毛而且后腿很小，只能靠前腿爬进妈妈的育儿袋里喝奶，所以虚弱的小袋鼠常常爬不到口袋里就饿死了。

花园除虫高手——刺猬

刺猬广泛分布在欧洲和亚洲北部，个头不大，看起来肥肥的，身上长满了短而密的刺，当遇到天敌袭击的时候，它就把身体卷起来，刺朝外，保护自己。它们喜欢在夜间活动，以昆虫和蠕虫为主要食物。

刚出生时刺软软的，眼睛看不见，非常脆弱。

刺猬鼻子很长，触觉与嗅觉很发达，可以闻到地下的蚂蚁和白蚁，然后用爪挖出洞口，吃掉它们。所以，刺猬可以帮助人们清理花园害虫，是不用付薪水的除虫高手。

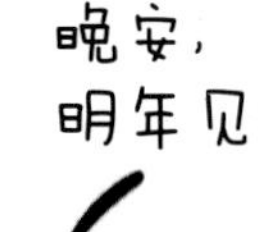

刺猬不能稳定地调节自己的体温，所以在冬天时会冬眠。冬眠时，体温会下降到6℃左右，是世界上体温最低的哺乳动物。

奇妙的知识又增加了

你熬夜了吗?

刺猬妈妈说我的呼噜声太响了，让我去客厅。

刺猬喜欢打呼噜，声音和人差不多。

刺猬喜欢把附近的植物咬碎了，把汁液涂在自己的刺上，有的植物有毒，天敌碰到后会中毒。

刺猬年轻的时候，刺是黑色的，老了以后刺会变成白色的。

不好，这个刺猬有毒！

刺猬可以抵抗许多种有毒植物，但非常害怕杀虫剂，如果不小心吃了被杀虫剂杀死的虫子，就会中毒。

速度之王——猎豹

猎豹行动敏捷，身姿矫健，力大无穷，是非常厉害的捕猎专家，栖息在温带、热带的草原、沙漠和有稀疏树林的大草原。

猎豹善于跳跃和攀爬，一般单独生活，喜欢在夜间或凌晨、傍晚出没。

不了，天都黑了！

出来玩儿呀？

猎豹的奔跑速度非常快，冲刺时速度可达到70千米/时，是当之无愧的速度之王。

自从人类有了汽车，我再也拿不到第一名了。

你怎么了？

猎豹巡视自己领地的时候，大约每隔20米就撒尿做标记，警告其他的同类。

奇妙的知识又增加了

猎豹浑身都是斑点，只有尾巴比较特殊，雌性猎豹的尾巴尖儿上长有一小撮白色的毛，据悉，这主要是为了夜行时给跟在后面的小猎豹引路用的。

一会儿出门的时候，你要注意看着我尾巴上的白毛哦，不要跟丢了哦！

世界上每一只猎豹都有自己独特的斑点，就像人的指纹各不相同一样。

猎豹天生是短跑健将，但却不擅长长跑。曾经有4个肯尼亚村民追着一只猎豹跑了好几千米，后来猎豹终于跑不动了，被村民们抓住了。

猎豹总是把猎物拖上树，把它悬挂在树枝上。

温暖的爸爸——狐狸

狐狸遍布于北美洲、欧洲、亚洲、非洲，连极地地区都有它们的身影。它们生活在森林、草原、半沙漠、丘陵地带，居住于树洞或土穴中，傍晚出外觅食，到天亮才回家。

跑步冠军
游泳冠军
爬树冠军
①
看来要再搬一次家了。
早啊，你们是昨天刚搬来的吧？

狐狸很聪明，不仅跑得快，还会爬树和游泳。

狐狸警惕性很高，如果谁发现了它窝里的小狐狸，它会在当天晚上搬家。

狐狸妈妈怀孕的时候，狐狸爸爸会帮忙装修洞穴，让妈妈和宝宝住得舒服一点儿，还会负责外出寻找食物。

奇妙的知识又增加了

大部分狐狸都有臭腺，长在尾巴根部，能释放出刺鼻的味道。

当它们猛扑向猎物时，毛发浓密的长尾巴能帮助它们保持平衡，尾尖的白毛可以迷惑敌人，扰乱猎物的视线。

狐狸会装死，如果被猎人抓住会假装受伤，趁机逃跑。

狐狸会跟随一些体型非常大的野兽，等它们吃完猎物之后去吃它们剩下的食物。但有的时候，反而会被当成猎物吃掉。

好奇宝宝——狍子

狍子是一种食草动物，生活在中国东北、西北、华北和内蒙古等地的小山坡的树林中，是东北地区常见的野生动物。它们长着细长的脖子，大大的眼睛，大耳朵、短尾巴，屁股上还有白毛，喜欢成对出动。

嗨，我们组队一起找果子吧。

狍子会随季节的变化而改变身上皮毛的颜色。冬天和春天，它们的毛一般是灰白色或浅棕色的；夏天和秋天，会变成棕黄色或者深棕色的。

雄狍有角，雌狍无角。雄狍的角只分3个叉，在秋季或初冬时会脱落，之后再缓慢重生。

你能变成彩虹的颜色吗?

狍子喜欢吃灌木的嫩枝、芽、树叶和各种青草、小浆果、蘑菇等。

奇妙的知识又增加了

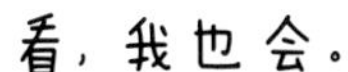

狍子受惊以后尾巴上的白毛会炸开，变成白屁股，先吓唬一下对方，然后再思考要不要逃。

狍子喜欢走回头路。它们一般都在固定的地方活动，这里面有觅食的场所，也有休息的场所。即使受到惊吓逃走，等到安全的时候，它们还会回到原来的地方。

狍子妈妈一般在3—6月生宝宝，如果冬天天气太冷，它可以让宝宝晚一点儿出生。

狍子在马路中间，经常借着车的灯光跑在车的前头，一不小心就会被撞死。

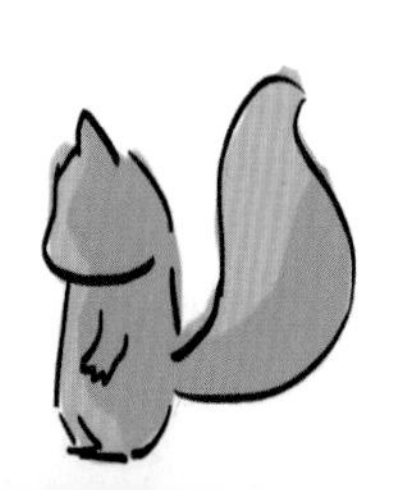

家有豪宅——袋熊

袋熊体格粗壮，尾巴很短，外表看上去就像缩小版的熊，肚子上有一个育儿袋，用来装宝宝。它们喜欢吃牧草、树叶、真菌、树皮、苔藓等，在干旱的季节它们也吃枯萎的草根。它们生活在温带地区适合穴居的森林、丘陵及海岸附近，主要分布在澳大利亚的东部等地。

袋熊很擅长挖洞，它们住的洞穴又长又深，大约有10米，洞的最里面是卧室，它们还会用草和树皮做床呢！

袋熊的育儿袋开口朝下，这样袋熊在挖洞的时候就不用担心土会掉进口袋里。

袋熊喜欢独来独往，一般白天藏在洞中睡觉，晚上出来找东西吃。

奇妙的知识又增加了

袋熊看起来毛茸茸的，但其实它们的屁股非常硬，如果有天敌钻进它们的洞穴，袋熊就会用屁股堵住洞口，然后趁机破坏隧道把天敌埋起来。

袋熊的新陈代谢非常慢，一顿饭差不多要用14天的时间才能完成消化。

袋熊的洞穴通常又长又深，雨季下暴雨时，如果它们来不及逃出来或者迷路，很容易被淹死。

林间小精灵——松鼠

松鼠分布在地球上除南极以外的许多地方，它们的生存能力很强，在森林、海岛、沙漠里都可以看见它们的踪迹。生活在森林中的松鼠擅长蹦蹦跳跳，生活在草原中的松鼠虽然不擅长跳跃，但它们会打洞。

你不住在树上吗？

松鼠一般在白天活动，大部分的时间都在寻找食物，然后把食物藏起来。

今日安排
1. 找松果。
2. 把它们藏起来。

今天你有什么安排吗？

松鼠会给自己搭窝，也可以利用树洞和鸟巢。每只松鼠通常同时占有2～3个巢。

松鼠从高处跳下的时候，它的尾巴可以当降落伞用，冬天睡觉时还可以当被子用。

奇妙的知识又增加了

松鼠的记忆力特别好，它们常常将食物存放在很多不同的地方，并且能够准确地记住每一个藏食物的地方。

生活在草原的松鼠不怕毒蛇，它们的身体里有一种特殊的蛋白质，可以分解和中和蛇毒。

松鼠和松鼠可以用尾巴进行交流，比如见到熟人打个招呼。

松鼠会把食物藏在很多地方，有的时候不小心藏在人类的车里或者灯塔等地方，就会被清理掉。

天生暴脾气——河马

河马生活在非洲热带水草丰茂的地区，体型硕大，看起来笨笨的，它的身体由一层厚厚的皮包着，皮是蓝黑色的，除了尾巴上有一些短毛外，身体上几乎没有毛。

河马的视力很差，甚至在水面以上也看不清东西。

我也想配眼镜。

可是洗澡的时候很不方便呀。

河马的皮非常厚，皮下面是厚厚的脂肪，这让它可以毫不费力地从水中浮起。

河马的皮上没有汗腺，不会流汗，所以必须待在水里或潮湿的地方，防止脱水。

奇妙的知识又增加了

河马的皮肤能够分泌一种类似防晒乳的东西，不仅防晒，还能防止昆虫叮咬。

河马的嘴特别大，比陆地上其他动物的嘴都大，张大嘴时接近90°。

河马潜水的时候可以把耳朵和鼻孔闭起来，这样就可以在水里待很长时间。

河马看起来非常安静，但其实它的脾气非常暴躁，经常打架。它们生气的时候，甚至可以顶翻小船，把船咬成两段，很多小河马在大河马们打架的时候会受伤甚至死亡。

节能高手——树懒

树懒分布在南美洲的热带雨林里，终年生活在树上，长得有点儿像猴子，它们动作非常慢，常常倒挂在树枝上，好几个小时都不动，非常懒。

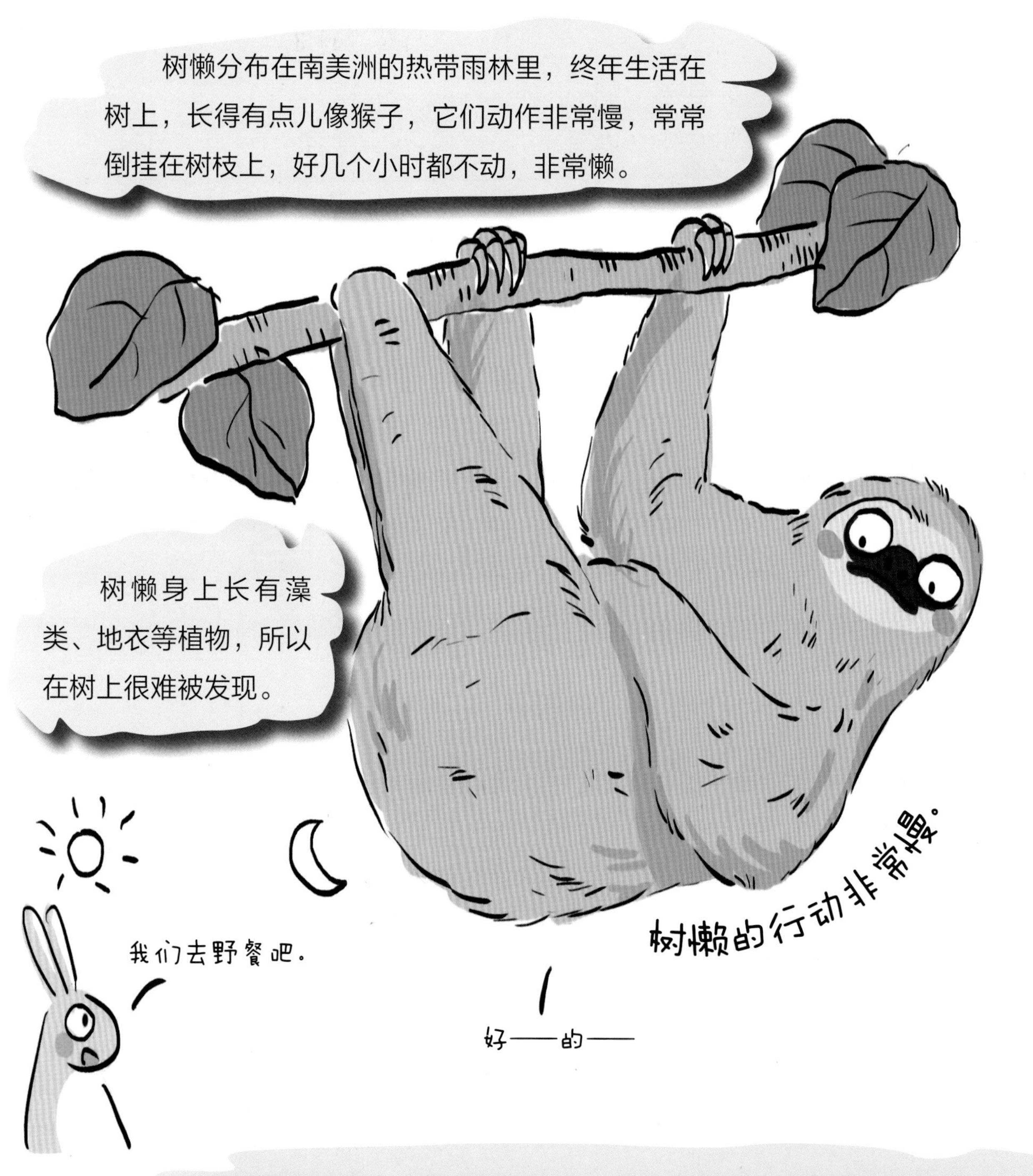

树懒的行动非常慢。
我们去野餐吧。
好——的——

树懒身上长有藻类、地衣等植物，所以在树上很难被发现。

树懒虽然有脚，但是却不能走路，爬行的时候几乎是靠前肢拖动身体。

你的脚受伤了吗？

奇妙的知识又增加了

树懒实在太懒了，甚至连吃饭都觉得麻烦，所以它们可以一个月不吃饭。

这个月好像吃过了。

树懒会游泳，由于平时吃的树叶在消化的过程中会产生一些气体，所以它们就能轻松地浮在水面上，并且在水中的速度比在地面上的速度快3倍。

树懒的皮毛非常坚硬，它的爪子虽然没有攻击的作用，但是可以牢牢地抓在树干上，让天敌抓不走它。

我要抓不住啦！

树懒嗅觉灵敏，视觉和听觉不太好，常常会因为抓到腐烂的树枝而掉到地上。

你要不要去配眼镜？

不是鸟，也不完全是兽——鸭嘴兽

鸭嘴兽生活在澳大利亚，是最原始的哺乳动物之一。它们的嘴和脚像鸭子，而身体和尾部像海狸，是未完全进化的哺乳动物，种类极少。

鸭嘴兽的毛非常柔软，而且可以防水。

鸭嘴兽的巢一般在沼泽或河流边，洞口开在水下。

鸭嘴兽一生都过着独居的生活，大多时间都在水里，是游泳能手。

奇妙的知识又增加了

鸭嘴兽的嘴巴有雷达一样的作用，可以在水中分辨方向，寻找食物。

雄性鸭嘴兽的后腿上有一根毒刺，遇到危险时可以放出毒液。

鸭嘴兽没有牙齿，一般在水中捕到猎物之后，先藏在嘴里，浮上水面后，用牙床附近的骨头上下夹击，把食物压碎。

鸭嘴兽的皮毛保温效果特别好，但随着全球变暖，它们的生存也变得越来越艰难了。

建筑天才——河狸

河狸生活在寒温带和亚寒带森林河流沿岸，在欧洲比较常见。它们看起来胖胖的，会用爪子抓着食物吃，非常可爱。

河狸喜欢吃植物的嫩枝、树皮和树根等，夏天它们也会在河岸边采食水葱等草本植物。

河狸的家一般藏在河边树根下面或水流缓慢的岸边，洞口没入水中，地面留有气孔并用一堆树枝遮盖，非常隐蔽。

秋季，河狸会在早晨和黄昏频繁活动，把树枝等咬断，弄成1米左右的样子，再把它们藏到洞口附近的水中，以备过冬时食用。

奇妙的知识又增加了

河狸是建筑天才，它们会用树枝、泥巴等筑坝蓄水，挡住溪水，让它们的巢穴洞口没入水下，防止天敌侵扰。有时为了将岸上筑坝用的建筑材料搬运至截流坝里，不惜开挖长达百米的“运河”。

河狸胆子很小，而且在陆地上行动不太灵活，所以它们一般不会远离水边活动，一旦遇到危险就会立刻跳入水中，并且用尾巴拍打水面，警告其他小伙伴。

危险
河狸宝宝出生后，只需要2天就能学会游泳。

河狸的牙齿很厉害，能啃断水桶粗的大树，但它们啃树时无法判断何时倒、朝哪个方向倒，因此常常会因为来不及逃跑而被自己啃断的树木砸死。

又砸死了一个！
计算失误……

大象的远房亲戚——蹄兔

蹄兔生活在北非、撒哈拉以南的非洲地区，中东和阿拉伯半岛等地也有分布。它们虽然看起来小小的，像可爱的兔子，但其实它们和大象拥有共同的祖先哦。

蹄兔喜欢在狭窄的缝隙、树洞或者荆棘丛中寻找它们喜欢吃的植物或者昆虫，这些地方非常狭窄，只有蹄兔可以在里面灵活地奔跑。

蹄兔用各种各样的叫声来交流年龄、体重、身体情况等，所以它们非常喜欢叫。

蹄兔最喜欢在悬崖顶上一起晒太阳，天冷的时候会挤在一起取暖。

奇妙的知识又增加了

蹄兔休息或觅食时，会有一个或几个小伙伴负责站岗，发现危险就会马上发出刺耳的叫声，通知其他同伴逃跑。

蹄兔的脚掌柔软光滑，形状有点儿像吸盘，所以它们能在悬崖峭壁或者充满刺的树枝上行走自如。

蹄兔的背部有一块地方的毛色与其他地方不同，这里有一种腺体，会分泌刺激的味道，当蹄兔受到惊吓时，斑块处的毛会竖起来，露出腺体，放出异味。

蹄兔在晒太阳的时候非常容易遇到黑雕，如果没有及时发现，就会被抓走。

蒙面大盗——浣熊

浣熊主要生活在北美洲，喜欢在潮湿的林地活动，在农田、郊区和城市也能见到它们。它们的眼睛周围有黑色的斑，看起来像戴了眼罩一样。

浣熊擅长游泳，也擅长攀爬，它们的后腿非常灵活。

浣熊白天大多在树上休息，晚上出来活动。白天它们在树洞、岩石或洞穴中睡觉，当遇到危险的时候，它就会逃到树梢躲起来。

浣熊主要吃肉，喜欢捕食鸟、老鼠、昆虫、小鱼等，也吃蛋类、坚果、谷物、水果和橡子等。吃鸟蛋的时候，它们能够很巧妙地用爪子在蛋上挖洞，然后吸食蛋液。

奇妙的知识又增加了

浣熊在吃东西之前总是把食物放在水里洗一洗才吃。

浣熊的爪子不会收缩，但是和人类的手一样有触觉并且非常灵活，因此它们可以轻松地打开人类的垃圾桶、门或者柜子寻找食物，被称为“蒙面大盗”。

浣熊的破坏力很大，它们不光会在木质建筑和家具上打洞，还会翻箱倒柜找东西吃。

浣熊的生存能力很强，在自然界中没有什么天敌，但因为它们经常进入城市寻找食物，所以会遇到车祸或者感染疾病。

最胆小的“将军”——犰狳（qiú yú）

犰狳生活在中美洲和南美洲的热带森林、草原、半荒漠及其他地区温暖的平原和森林中。它们身披坚硬无比的“铠甲”，就好像大将军一样，所以也叫铠鼠。

犰狳虽然有坚硬的“铠甲”，但其实它们的胆子特别小，一有风吹草动，它们就会受到惊吓。

犰狳的前爪非常有力，所以它们掘土挖洞的本领很强，打洞速度非常快。

大多数的犰狳白天生活在洞里，晚上出来找食物，它们吃白蚁、蚂蚁、蛇、腐肉和植物。它们的嗅觉非常灵敏，能够嗅到地下20厘米深的食物。

奇妙的知识又增加了

犰狳特喜欢吃腐烂的动物尸体，在草原上哪里有死牛、死马及其他动物腐烂的尸体，哪里就有犰狳在打洞。

犰狳可以在浅水中赶路。如果河窄，犰狳就深吸一口气，潜进水中，从河底爬上对岸。如果河宽，它就吸入空气，让肠胃胀满，增加自身浮力，然后游过去。

犰狳遇到危险的时候，会快速躲进附近的树丛里，用浓密的枝条挡住自己，或者把自己团成一个球。如果时间允许，它会飞速地刨出一个可以紧紧裹住身体的洞穴躲进去，然后用尾部的盾甲紧紧堵住洞口。

犰狳天生近视，所以它们在公路上寻找动物尸体的时候很容易被车撞死。

勇猛无畏的“平头哥”——蜜獾

蜜獾一般生活在非洲热带雨林或者开阔的草原地区，一般独自生活或者和一个小伙伴一起生活。它们虽然看起来很可爱，但实际上特别凶猛，被称为“世界上最无所畏惧”的动物。

蜜獾不仅凶猛而且非常聪明，可以很快地打败对手，即使遇到凶猛的猎豹它们也不害怕。

奇妙的知识又增加了

蜜獾和响蜜䴕是好朋友，响蜜䴕发现蜂蜜以后，会告诉蜜獾，然后蜜獾会跟着它们去找到蜂巢，一起分享蜂蜜。

蜜獾会用工具，比如它们会把木头当成梯子用。

蜜獾是世界上少有的对蛇毒有抵抗力的动物之一，所以它们一般不害怕毒蛇。

蜜獾非常喜欢吃蜜蜂的幼虫和蛹，并且不怕疼，所以它们常常会不顾危险直接冲进蜂巢，一不小心就真的死掉了。

多才多艺——狐獴

狐獴生活在草原和开阔的平原地区，主要分布于南非。它们个子不高，看起来细细长长的，背部有黑褐色的毛，尾巴有两种颜色，上面是棕黑色的，下面是淡黄色的。它们非常喜欢和小伙伴们住在一起，一个种群通常有好几十只狐獴。

狐獴的耳朵小小的，像月亮一样，在挖洞的时候还能闭起来，这样沙土就不会掉进耳朵里。

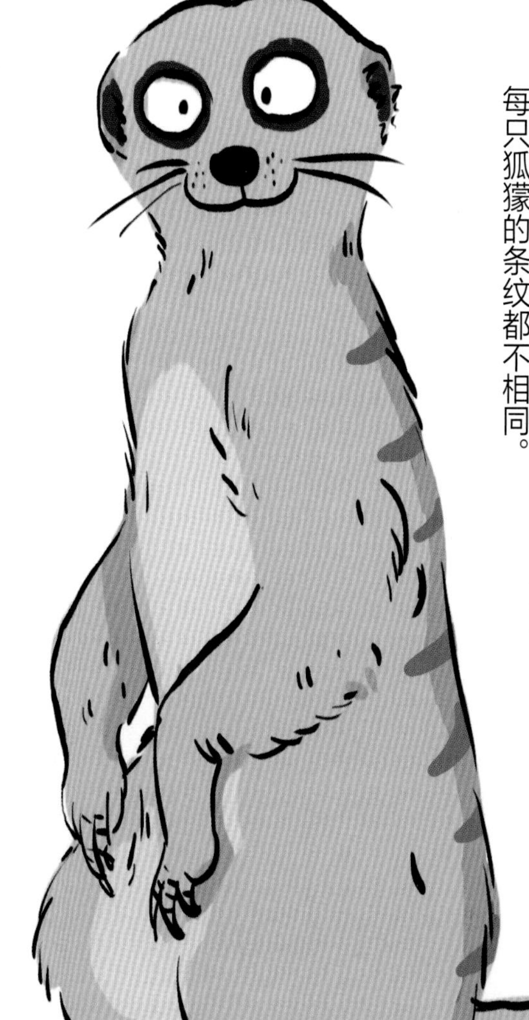

狐獴的背上有许多短而平行的条形横纹，每只狐獴的条纹都不相同。

狐獴挖的洞穴非常大，而且有许多的出入口，像迷宫一样。每天早上，小家伙就一只一只地爬出洞穴，站起来晒太阳。